BEI GRIN MACHT SICH IHR WISSEN BEZAHLT

- Wir veröffentlichen Ihre Hausarbeit,
  Bachelor- und Masterarbeit

- Ihr eigenes eBook und Buch -
  weltweit in allen wichtigen Shops

- Verdienen Sie an jedem Verkauf

Jetzt bei www.GRIN.com hochladen
und kostenlos publizieren

Bibliografische Information der Deutschen Nationalbibliothek:

Die Deutsche Bibliothek verzeichnet diese Publikation in der Deutschen National-
bibliografie; detaillierte bibliografische Daten sind im Internet über http://dnb.d-
nb.de/ abrufbar.

Impressum:

Copyright © 2005 GRIN Verlag, Open Publishing GmbH
Druck und Bindung: Books on Demand GmbH, Norderstedt Germany
ISBN: 9783640517381

Dieses Buch bei GRIN:

http://www.grin.com/de/e-book/142531/struktur-und-entwicklung-der-euroregion-
neisse

Maria Reif

Struktur und Entwicklung der Euroregion Neiße

GRIN Verlag

Struktur und Entwicklung der Euroregion Neiße

Name, Vorname: Reif, Maria

Studiengang: Lehramt an Gymnasien

für Geographie und Ethik

Semesterzahl: 3

Seminar: Mittelseminar Wirtschafts- und Sozialgeographie

Wintersemester, 2004/2005

Datum: 14.02.2005

Inhaltsverzeichnis

1. Einleitung

Diese Belegarbeit soll die Struktur und Entwicklung der Euroregion Neiße widerspiegeln. Hierbei werde ich sowohl darauf eingehen, was eine solche Region ausmacht, sowie auf die Gegebenheiten und die im Inhaltsverzeichnis angeführten Punkte. Zum Schluss werde ich im Resümee versuchen für die Euroregion Neiße einen Blick in die Zukunft zu werfen.

2. Definition Euroregion

Eine Euroregion ist ein Gebiet, welches keine regionale Einheit innerhalb eines Landes darstellt. An einer Euroregion sind mindestens zwei Länder Europas beteiligt. Das bedeutet, dass die jeweilige Euroregion inhomogen ist, da sie sich nicht durch behördliche Grenzen oder sogar einer gewissen gemeinschaftlichen Funktionalität abgrenzen lässt. Aufgrund der grenzübergreifenden Eigenschaft besteht auch keine Rechtssubjektivität, weil alle beteiligten Länder der Euroregion auf der Rechtbasis ihres jeweiligen Landes arbeiten. Wenn man nun fragt, wodurch sich eine Euroregion definieren lässt, so muss darauf verwiesen werden, dass eine „Euroregion eine freiwillige Interessengemeinschaft von Kreisen und Gemeinden" (Statistisches Landesamt des Freistaates Sachsen, Statistisches Amt Wroclaw, Tschechisches Statistisches Amt, Bereich Liberec, 2001, Seite 11) ist. „Ziel einer solchen Abgrenzung muss es sein, das Leitbild „regionale Entwicklung durch regionale Identität" (Freiherr von Malchus 1996c, S.59) zu verfolgen. Dieses Leitbild war bei der Abgrenzung der Euroregionen maßgeblich. Gemeinsame Interessen und Probleme verbinden die Regionen auf beiden Seiten der Grenze, daher ist auch die Suche nach Lösungen gemeinsam anzugehen." (Robert Knippschild, 2001, S.28). Demzufolge ist eine Abgrenzung als Wirtschaft- oder Kulturregion schwierig.

3. Abgrenzung der Euroregion Neiße

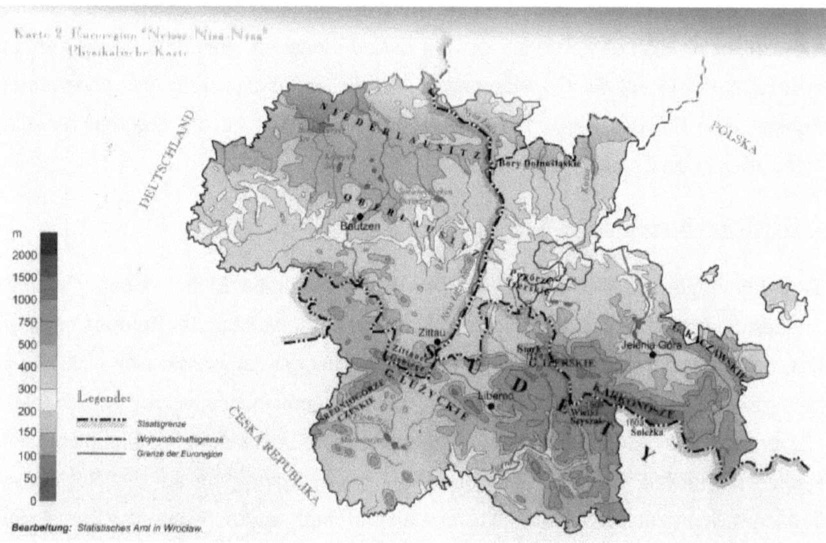

Quelle: Statistisches Landesamt des Freistaates Sachsen, Statistisches Amt Wroclaw, Tschechisches Statistisches Amt, Bereich Liberec (1999): Die Städte der Euroregion Neisse-Nisa-Nysa. Kamenz-Wroclaw-Liberec, S. zwischen 10 und 11, 2. Abbildung

Aus physischer Sicht ist die Euroregion Neiße im Norden durch meist bewaldetes Tiefland geprägt. Wie auf der obigen Karte zu sehen ist, zeichnet sich der Westen und Süden physisch durch vorwiegend flache Mittelgebirge, wie z.B. das Zittauer Gebirge, das Böhmische Mittelgebirge etc., aus. Im Osten ist das Riesengebirge mit dem höchsten Berg der Euroregion zu finden. Benannter Berg ist die Schneekoppe mit ca. 1602m. Der namengebende Fluss, und damit der bedeutendste der Region ist die Neiße.

Die Region umfasst ein Gebiet mit einer Fläche von 13.619km^2. Die Anteile der Fläche gliedern sich für den deutschen Teil mit 3148km^2, für den polnischen Teil mit 6926km^2 und für den tschechischen Teil mit 3545km^2 auf.

Wie der folgenden Karte zu entnehmen ist, sind von deutscher Seite aus die Kreise Bautzen, Löbau-Zittau, der Niederschlesische Oberlausitzkreis, sowie die kreisfreien Städte Görlitz und Hoyerswerda daran beteiligt. Im polnischen Part der Euroregion sind Jelenia-Gora-Stadt, Boleslawiecki, Jeleniogorski, Kamiennogorski,

Lubanski, Lwowecki, Zgorzelecki, Zlotoryjski, Zarski, sowie Gemeinden außerhalb der Euroregion anzurechnen. Die Gemeinden aus der Tschechischen Republik sind Ceska Lipa, Decin-Region Sluknov, Jablonec nad Nisou, Liberec und Semily.

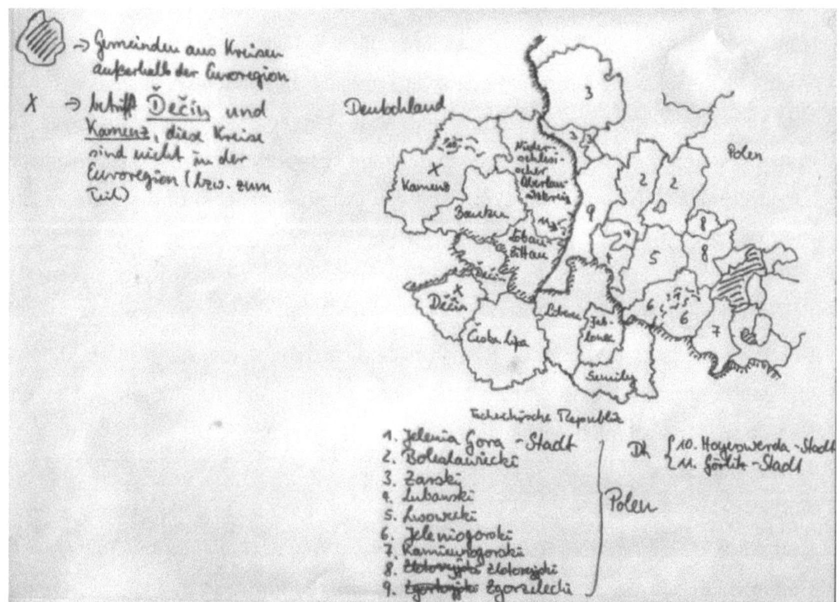

Quelle: Statistisches Landesamt des Freistaates Sachsen, Statistisches Amt Wroclaw, Tschechisches Statistisches Amt, Bereich Liberec (2001): Die Städte der Euroregion Neisse-Nisa-Nysa. Kamenz-Wroclaw-Liberec, S. zwischen 14 und 15, 1. Abbildung (abgemalt)

4. Geschichte der Region

Dieses Gebiet wurde in der Römerzeit von den keltischen Bojern geprägt. Danach waren die germanischen Markomannen ansässig, bis zur Völkerwanderung als es dann die Slawen für sich in Anspruch nahmen und es besiedelten und nachhaltig formten.

Vom Ende des 11. bis Mitte des 14. Jahrhunderts herrschten verschiedene Könige in diesem Gebiet (speziell in der Lausitz). 1346 wurde der Oberlausitzer Sechsstädtebund gegründet. Die Gründerstädte waren Bautzen, Görlitz, Zittau und Kamenz, sowie Löbau und Lauban. Dieser Städtebund spielte zu der amaligen Zeit „eine bedeutende politische und wirtschaftliche Rolle und brachte rege Beziehungen zu Böhmen, Sachsen, Brandenburg und Schlesien. Ihre Bedeutung bewiesen die sechs Städte während der Hussitenkriege, in denen sie eine konsequente antihussitische Haltung einnahmen und an den Kreuzzügen nach Böhmen teilnahmen." (http://www.neisse-nisa-nysa.org)

Ein anderer gemeinsamer Krieg der Region war der berühmte 30-Jährige Krieg (1618-1648), der seinen Anlass im „Prager Fenstersturz" hatte.

„Im 18. und 19. Jahrhundert entwickelte sich auf dem Gebiet der Region die Produktion in Manufakturen und später in Fabriken, besonders in der Textilbranche. Die friedliche Entwicklung unterbrachen aber auch damals Kriegsdrangsale. Die ganze Gegend erlebte mehrere Durchzüge preußischer und österreichischer Truppen in den Jahren 1740-1763, spätere Durchmärsche in den napoleonischen Kriegen, als z.B. 1813 Kaiser Napoleon kurz in Gabel (Jablonne) weilte. Fünfzig Jahre später rückte die preußische Armee im Sommer 1866 in Nordböhmen ein." (http://www.neisse-nisa-nysa.org)

Durch immer besser werdende Kommunikation untereinander kam es ab Mitte des 19. Jahrhunderts zu einer Ausweitung eines ökonomisch zusammen wachsenden Gebietes. Das hielt auch noch bis wenige Zeit nach dem 1.Weltkrieg an.

Auf der Initialkonferenz, die im Mai 1991 in Zittau stattfand, trafen sich für Deutschland Richard von Weizsäcker, für Polen Vaclav Havel, für die Tschechische Republik Lech Walesa und 300 Vertreter (jeweils 100 für Deutschland, Polen und die Tschechische Republik) für die entstehen sollende Euroregion. Damals wurde die Euroregion Neiße ins Leben gerufen. Ihr offizielles Entstehungsdatum entfällt allerdings erst auf den 21. Dezember 1991, da an diesem Tag die erste Ratssitzung in Zittau stattfand.

<u>5.Bevölerung</u>

Wie in Punkt 3 bereits ausgeführt besteht die Euroregion Neiße aus 19 Kreisen. Hinsichtlich der Siedlungsstruktur- und dichte ist die südliche Oberlausitz durch eine hohe Siedlungsdichte gekennzeichnet, wohingegen sich der restliche Bereich durch dünn besiedelte Räume, mit kleinen Gemeinden auszeichnet.

Ein einheitliches Oberzentrum für die Region hat sich nicht herausgebildet, allerdings nehmen die Städte Bautzen, Görlitz und Hoyerswerda in Form des Oberzentralen Städteverbundes (OZSV) für den deutschen Teil eine solche Funktion eines Oberzentrums ein. In Polen nimmt diese Position Jelenia Gora und in der Tschechischen Republik Liberec ein.

Gemessen an der Einwohnerzahl waren 1999 Liberec, Bautzen und Löbau-Zittau die größten Kreise. Nach der Bevölkerungsdichte waren 1999 „die drei Kreisfreien Städte Görlitz mit 935, Jelenia Gora mit 857 und Hoyerswerda mit 607 Einwohnern je km^2 am größten." (Statistisches Landesamt des Freistaates Sachsen, Statistisches Amt Wroclaw, Tschechisches Statistisches Amt, Bereich Liberec, 2001, Seite 82)Die geringste Dichte wies der Kreis Boleslawiecki mit69 Einwohner je km^2 auf (Abb.1(Daten für den Absatz)).

Der Überschuss an Lebendgeborenen bzw. Gestorbenen war im Zeitabschnitt von 1995 bis 1999 ein Geburtenrückgang von 6,5% und eine Gestorbenenzahl von 4,2% zu verzeichnen. Dies ergibt dann schließlich den Gestorbenenüberschuss von 6,9%. Zu bemerken ist auch, dass innerhalb dieses Zeitraumes sich die Zahl der Kreise, die einen Geburtenüberschuss verzeichnen konnten um die Hälfte, auf vier Kreise reduziert hat. Diese Kreise sind vorwiegend im polnischen Bereich der Euroregion zu finden (Abb.2(Daten für den Absatz)).

Die Euroregion Neiße hat, wie schon zum Teil zu sehen war, keine ähnliche Altersstruktur. Vorallem der deutsche Teil veraltet zunehmend. So waren 1999 im deutschen Teil mehr als ein Viertel der Menschen unter 25 Jahren alt. Dagegen war diese Zahl im polnischen und tschechischen Gebiet rund 8% höher, wie auch Abb.3 zu entnehmen ist. Die Altersgruppe der 25-45Jährigen war allerdings in allen Bereichen der Region fast gleich verteilt. Geringe Diskrepanzen wies die Altersgruppe der 45-60Jährigen auf. Hier gab es Unterschiede von 19-22 Prozent. Große Verschiedenheiten treten bei der Betrachtung der Altersgruppe ab 60 Jahren auf. Ein gutes Viertel der Gesamtbevölkerung war im deutschen Teil dieser Altersgruppe zugehörig. Für den polnischen und tschechischen Teil sah das 1999 noch anders aus. Da war der Prozentsatz bei 16-17% anzusiedeln. Die Kreise Zlotorija und Zarsk waren zu der Zeit mit knapp über 38% die Kreise mit den meisten Menschen im Jugend- und frühen Erwachsenenalter. Ganz anders sah es in der deutschen Stadt Görlitz aus. Hier war knapp die Hälfte der Gesamtbevölkerung älter als 45 Jahre. (Abb.3(Daten für den Absatz)).

Einen weiteren demographischen Aspekt in dieser Betrachtung sollen die Fort- und Zuzüge darstellen. 1999 hatte die Euroregion Neiße einen Überschuss an Fortzügen in Höhe von 5600 Menschen zu vermerken. Nur wenige Kreise haben ein Plus an Zuzügen zu registrieren. Dieses Plus betrifft hauptsächlich die tschechischen Kreise. Im polnischen Teil war es lediglich ein Kreis, der ein solches Plus verzeichnen konnte. Im Gegensatz hierzu die deutschen Kreise. 1999 konnte kein einziger Kreis einen Überschuss an Zuzügen verzeichnen. Im Gegenteil, die deutschen Kreise haben sogar insgesamt einen Überschuss an Fortzügen von rund 6000 Einwohnern im Jahr 1999 zu notieren. (Abb.4(Daten für den Absatz)).

Erklärungen für diese Bevölkerungsabnahme, aus den jeweiligen Gründen, sind Folgende! Zum einen sind im deutschen Teil viele Menschen nach dem Fall der innerdeutschen Mauer nach Westen gezogen, um sich ein erträumtes Leben aufzubauen. Das traf und trifft z.T. immer noch vorallem für die Menschen zu, die zum Beispiel auf der Suche nach einer Ausbildung sind, also ab dem 16. Lebensjahr, sowie für eine große Anzahl von Menschen bis kurz über 25 Jahren. Das hat zur Folge, dass es weniger Geburten gibt, weil weniger Menschen im geburtsfähigen Alter in der Region angesiedelt sind. Ferner verbessert sich die Altersbetreuung und Alterspflege, sowie die medizinische Versorgung zunehmend. Das hat zur Folge, dass das Durchschnittsalter steigend ist. Das Geburtendefizit und der zunehmende Sterberückgang führen zusammen zu einem Altersüberschuss in der Region.

Allerdings muss gesagt werden, dass das im polnischen und tschechischen Teil der Euroregion Neiße nicht ganz so dramatisch, wie im deutschen Teil, ussieht. Hier ist eine etwas ausgeglichenere Altersstruktur vorzufinden. Das unter anderem durch ein anderes Wirtschaftssystem zu erklären ist.   Zum Beispiel sind im polnischen und tschechischen Teil der Euroregion die Löhne wesentlich niedriger und die Standorte somit attraktiver für Unternehmen, als in Deutschland. Wenn nun Arbeitsplätze vorhanden und somit die Möglichkeit zum Gelderwerb gegeben sind, bleiben die Menschen doch lieber dort bei Freunden und Familie als um des Jobs Willen fortzuziehen.

6. Infrastruktur

a) Straßenverkehr

Die Euroregion ist, wie gezeigt, ein Grenzgebiet. Solche Gebiete zählen in der Regel nicht zu den Gebieten, die in einem Land am meisten infrastrukturiert werden, und haben daher oftmals eine entwicklungsbedürftige Infrastruktur und nicht ausreichende grenzübergreifende Verbindungen.

In der Euroregion Neiße stellt die A4 „eine Achse europäischer Bedeutung dar" (http://www.neisse-nisa-nysa.org).

Die A4 verbindet Dresden mit Bautzen, mit Görlitz und auch mit Breslau.

Wie eben erwähnt sind Defizite im Straßenausbau zu verzeichnen, diese sind besonders deutlich, je weiter man sich von den Hauptverkehrsstraßen entfernt. Aus diesem Zustand heraus lässt sich unter anderem das Auftreten von strukturschwachen Räumen erklären.

Zu den regionalen Verbindungs- und Entwicklungsachsen im Zuge überregionaler Verbindungsachsen gehören:

1) Dresden – Hoyerswerda – Cottbus – Berlin
2) Dresden – Bautzen – Görlitz – Wroclaw
3) Liberec –Zittau – Löbau – Bautzen – Hoyerswerda – Cottbus – Berlin.

Natürlich darf aber die periphere Lage der Region hierbei nicht außer Betracht gelassen werden. Aufgrund dessen, dass sich die Euroregion Neiße im Dreieck Berlin – Prag – Wroclaw befindet und somit auch abseits von Metropolen liegt und hinzukommend keine Verbindung von überregionaler Bedeutung aufweist, kommen ihr besonders die wirtschaftlichen Vorteile nicht zugute. An der eingefügten Karte ist ersichtlich, dass nur die größten Städte Verkehrsanbindungen haben, die auf Bundesstraßenniveau und höher sind.

Zum Vergleich mit dem Agglomerationsraum Halle/Leipzig bestehen größere Unterschiede. Selbst Kleinstädte haben gute Verkehrsanbindungen und eine relativ kurze Fahrt bis zur nächsten Autobahn, im Gegensatz zu den Straßenausbauten in der Euroregion Neiße.

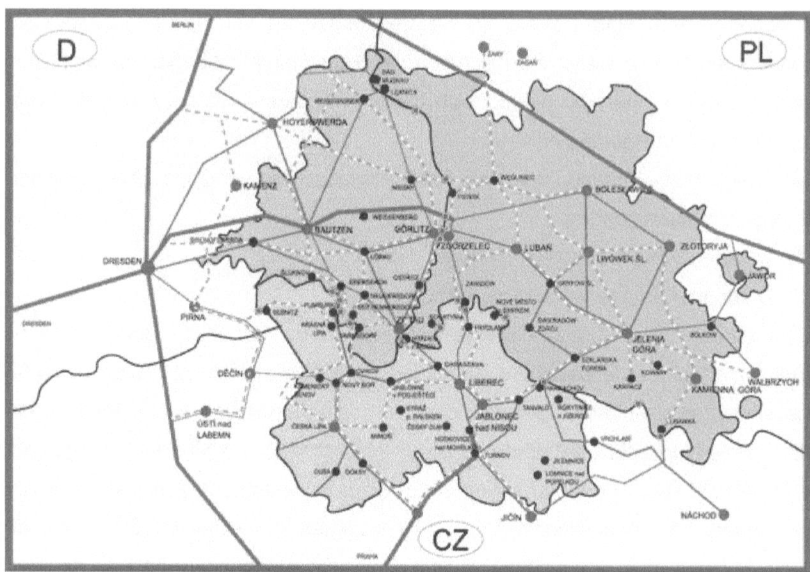

Quelle: http://euroregion.vslib.cz/cz_uvod.html

b) *Öffentlicher Verkehr*

Dieser Punkt hat den Schienenverkehr der Region als Schwerpunkt. Auch hier hat sich kein besonderer Verkehrsknoten herausgebildet, dennoch sind die größten Städte durch den Schienenverkehr miteinander verbunden. Dem Straßennetz folgend sind auch die Eisenbahnlinien west-östlich ausgerichtet. Die Strecke Dresden – Bautzen – Görlitz bildet die sogenannte

„Sachsen – Magistrale". Sanierungen fanden vor einigen Jahren auch auf den Nebenstrecken Dresden – Bischofswerda – Zittau statt.

Zur Sicherung der überregionalen Erreichbarkeit bestehen auf dem Schienenweg zum Beispiel die ICE - Interregio – Verbindungen zwischen Görlitz – Berlin und Görlitz – Dresden, sowie drei weitere Schnellzugpaare nach Wroclaw – Breslau. Allerdings musste die Deutsche Bahn AG auch hier den Rotstift ansetzen und weniger frequentierte Bahnverbindungen stilllegen.

„In den Kreisen der Euroregion existieren rund 164700 Unternehmen der unterschiedlichsten Wirtschaftsbereiche. Im Wirtschaftsbereich Handel; Instandsetzung und Reparatur von KFZ und Gebrauchsgütern sind auf allen drei Seiten der Euroregion die meisten Unternehmen angesiedelt. Rund 88% aller Unternehmen sind private Unternehmen." (Statistisches Landesamt des Freistaates Sachsen, Statistisches Amt Wroclaw, Tschechisches Statistisches Amt, Bereich Liberec, 2001, Seite 143).

Wie der im Anhang befindlichen Abbildung 5 zu entnehmen ist, sind die meisten Arbeitsplätze im tertiären Sektor zu finden. Diese Aussage trifft allerdings nur für den deutschen und polnischen Teil der Euroregion zu.

Im tschechischen Gebiet sind die meisten Arbeitsplätze im sekundär Sektor wieder zu finden.

1999 war die Arbeitslosenquote in den deutschen und polnischen Kreisen, mit der Spanne von 15 – 27%, am höchsten. Im tschechischen Teil lag die Arbeitslosenquote z.T. weit unter 10%. (Abb.6)

Zu der Verteilung der Arbeitslosen ist der Statistik (Abb.7) zu entnehmen, dass zum mehr Frauen als Männer arbeitslos waren. Im tschechische Teil
der Euroregion Neiße war das wieder etwas anders. Hier lag der Frauenanteil bei den Arbeitslosen bei ca. 48%. Sehr hoch war der Anteil der jungen Arbeitslosen (unter 25 Jahren) mit rund 30% in den tschechischen und polnischen Kreisen. Im deutschen Bereich waren knapp 10% der unter 25-Jährigen von Arbeitslosigkeit betroffen. Ursachen für den deutschen Bereich sind die Abwanderung der jungen, zumeist gut ausgebildeten Arbeitskräfte, die in den alten Bundesländern der BRD Arbeit suchen. Wenn, die nun erwähnten 30% in einem Atemzug für den polnischen und tschechischen Teil genannt werden, dann muss beachtet sein, dass die Tschechische Republik ohnehin eine geringere Arbeitslosigkeit als Polen hat. (Die dreißig Prozent jeweils in Zahlen ausgedrückt weisen einen Unterschied von ca. 10000 Menschen auf.)

Das wohl bedeutendste Unternehmen in der Region befindet sich im deutschen Bereich der Euroregion Neiße. Es ist die Rede vom „Bautz´ner Senf". Allerdings muss auch gesagt werden, dass es ohne Vorwissen nicht so leicht ist diesen Betrieb zu finden. 1992 kaufte nämlich die Firma Develey das Unternehmen des „Bautz´ner

Senfs" auf. Nach der Wiedervereinigung sind ohnehin viele Betriebe entweder geschlossen oder verkleinert worden. Besonders traditionelle Produktionsbereiche wie die Braunkohleindustrie, die Chemieindustrie, als auch die Textil- und Bekleidungsindustrie sind nach der „Wende" zusammengebrochen. Dem folgte dann ein Wechsel vom produzierenden zum Dienstleistungsgewerbe.

Ergebnis dieses Umbruches ist die hohe Arbeitslosigkeit in Deutschland, als auch in Polen. Dadurch wandert, wie bereits erwähnt, die junge Bevölkerung ins westliche Europa auf der Suche nach Arbeit ab.

Diese Migrationbewegungen haben wiederum zur Folge, dass die verlassene Heimat, hier die Euroregion Neiße, zusehend veraltet.

8. Bildung

Für die Euroregion Neiße sind die Möglichkeiten, aufgrund der unterschiedlichen Bildungssysteme, Tendenzen zu treffen und Vergleiche zu ziehen sehr begrenzt. Dennoch gibt es diverse Bemühungen und Projekte die Bildung der Region gemeinsam zu fördern.

Zu der Euroregion Neiße gehören unter anderem folgende Bildungseinrichtungen: die Hochschule für Technik, Wirtschaft und Sozialwesen in Zittau / Görlitz (HTWS), das Internationale Hochschulinstitut in Zittau (Universität), die Berufsakademie Bautzen, die Technische Universität in Liberec als auch in Jelenia Gora, und die Ökonomische Akademie in Jelenia Gora.

Angesprochene Projekte sind Folgende:

1) 1993 wurde das Internationale Hochschulinstitut in Zittau ins Leben gerufen. Die Besonderheit dieses Projektes besteht darin, dass es für die Ausbildung polnischer, tschechischer und deutscher Studenten vorgesehen ist. Ziel ist die Integrationsförderung von internationalen Studenten. An diesem Konzept sind die TU Liberec, Glinice, Wroclaw, die polnische ökonomische Akademie Oskar Lange Wroclaw, die Bergakademie Freiberg sowie die HTWS Zittau / Görlitz beteiligt.

2) Das „PONTES" Projekt wurde in der Euroregion Neiße am ersten Mai 2003 gestartet. Deutschlandweit existieren ca. 75 Projekte solchen Formats. Gefördert wird dieses Projekt vom Bundesministerium für Bildung und Forschung (BMBF), die es sich zum Ziel gemacht haben solche Regionen nachhaltig durch gemeinsame Bildung zu entwickeln. Der Name dieses

Projektes stammt aus dem Lateinischen und bedeutet Brücke. Bildung soll hier die Brücke für gemeinsames Vorankommen und Lernen darstellen. Und dieses wird gerade durch überregionales Lernen ermöglicht. Partner davon sind regionale Gebietskörperschaften, Kommunalgemeinschaften der Region, Arbeitsämter, Industrie- und Handelskammern, Kindergärten, Museen, Vereine, sowie jegliche Art von Schulen.

3) Im Zeitraum von April 2004 bis Dezember 2005 läuft ein Projekt zur Intensivierung der grenzüberschreitenden wissenschaftlichen Kooperation in der Euroregion Neiße. An diesem Projekte wirken sechs Universitäten mit, um einen grenzüberschreitenden Forschungsraum zu schaffen, zu verstärken und weiter zu entwickeln. Dahinter steckt der Wille die Euroregion als Wissenschafts- und Produktionsstandort effektiv nutzbar zu machen.

Ein Aspekt, der ein wirkliches Problem trotz dieser Bemühungen darstellt, ist, dass aufgrund der relativ hohen strukturellen Arbeitslosigkeit und des sozioökonomischen Entwicklungsstandes in der Region die Möglichkeiten Arbeit zu finden begrenzt sind. Somit wandern viele junge und gut bis sehr gut qualifizierte Leute ab.

9. Tourismus

Die Euroregion Neiße hat angesichts verschiedener Aspekte eine gute Ausgangsposition für die touristische Weiterentwicklung.

Die Euroregion bemüht sich, dass das touristische Potenzial ausgeschöpft wird, indem die grenzansässigen Unternehmen, d.h. besonders Unternehmen im Dienstleistungsgewerbe verstärkt zusammen arbeiten.

Geschichtlich hat die Region besonders im polnischen Bereich eine große Anzahl von Schlössern, Residenzen sowie Palästen zu bieten. Außerdem führten früher bedeutende Handelswege, wie die „Via Regia" von Westen nach Osten und die sogenannte „Salzstraße" von Norden nach Süden. Mittlerweile sind die Rad- und Wanderwege recht gut ausgebaut und ziehen somit Hobbysportler (z.B.: zum Blue-Stone-Race) und Wanderer als Touristen an.

Allerdings hat die Region noch an einem Negativimage zu leiden, weil die einst angesiedelte Industrie starke Umweltverschmutzungen zu verantworten hat.

Die durchschnittliche Bettenauslastung beträgt zwischen rund 22 bis ca. 26% im Jahr (Statistisches Landesamt des Freistaates Sachsen, Statistisches Amt Wroclaw,

Tschechisches Statistisches Amt, Bereich Liberec, 2001, Seite 141). Die Tendenz ist steigend.

Dazu tragen in besonderem Maße die Mineral- und Heilquellen vorzugsweise im polnischen Teil der Euroregion Neiße bei. Im Zeitalter des „Beautywahns" ist es angesichts der noch relativ günstigen Preise in Polen und auch in der Tschechischen Republik erschwinglich ein Entspannungswochenende auf einer „Beautyfarm" zu verbringen.

10. Förderung von Projekten

Es werden verschiedene und unzählige, auch kleinere, Projekte gefördert.

Ein herausragendes Projekte ist, wie in Punkt 7 erklärt, das „PONTES" Projekt. Sowie die anderen genannten Bildungsförderungsprojekte. Weiterhin gibt es eine Zeitung, als auch einen von mir verwandten Internetlink, die in den drei Landessprachen der Euroregion Neiße dargestellt werden. Das hat zum Ziel, dass alle Bürger der Region dort Veröffentlichtes lesen und erfahren können.

Ein Projekt, das durch den Kleinprojektefond der Euroregion Neiße im Rahmen von INTERREG III A gefördert wurde, ist das Blue-Stone-Race, welches 2003 stattfand. Es war in besagtem Jahr das dritte seiner Art und dauerte 12 Stunden. Es ist ein Mountainbikerennen für Hobby- und Lizenzfahrer, welches 2003 erstmals unter Einbeziehung tschechischer Radsportler, dank der finanziellen Unterstützung, stattfinden konnte. Während des Rennens boten 12 Teams aus der Oberlausitz und Nordböhmen auf dem 2,8km langen Radrundkurs erstklassigen Mountainbikesport. Die Besonderheit dieses Rennens bestand 2003 darin, dass erstmals gemischte Teams mit deutschen und tschechischen Radsportlern starteten. Nach dem Rennen wurden Vereinbarungen getroffen dieses Rennen erneut zu veranstalten und eine intensivere Zusammenarbeit zu betreiben.

So gesehen hat sich die Investition gelohnt!

<u>**11. Resümee**</u>

Abschließend möchte ich festhalten, dass die Bemühungen zwar nicht vergebens sind, dennoch um effektiver, und damit meine ich nicht nur die Euroregion Neiße, arbeiten zu können, muss die Wirtschaft und Politik innerhalb eines Landes schlüssiger und sinnvoller sein und werden. Man kann von einem kleinen Teil, wie einer solchen Region, nicht erwarten, dass alles gut läuft und die Wirtschaft gesünder ist als im Rest des jeweiligen Landes (besonders Deutschland). Wenn die Vorraussetzungen für Unternehmen in anderen Regionen besser sind, wird jeder Unternehmer dort hingehen und nicht aus Mitleid oder um Sorge für die ortsansässige Wirtschaft in Gebieten verharren, die nicht förderlich für das Unternehmen ist.

Besondere Chancen zur Weiterentwicklung wird das Geschäft mit der Gesundheit (Mineral- und Heilquellen) als auch mit der Schönheit haben. In Zeiten, wo das Geld immer knapper wird, man aber trotzdem sich in seinen 2 Wochen Urlaub erholen und regenerieren möchte, fahren viele lieber in nähere und billigere Gebiete, wie zum Beispiel Polen oder Tschechien.

Kreisfreie Stadt Landkreis Euroregion	Jahr	Anzahl der Gemeinden	Bevölkerung insgesamt	Bevölkerung männlich	Bevölkerung weiblich	Fläche in km²	Einwohner je km²
Deutscher Teil							
Görlitz, Stadt	1995	1	67980	31942	36038	67	1011
	1999	1	62871	29815	33056	67	935
Hoyerswerda, Stadt	1995	1	60595	29540	31055	86	704
	1999	1	52249	25426	26823	86	607
Bautzen	1995	38	162547	78733	83814	955	170
	1999	30	159127	77886	81241	955	167
Löbau-Zittau	1995	47	163392	78106	85286	699	234
	1999	38	157472	76115	81357	699	225
Niederschlesischer Oberlausitzkreis	1995	42	111705	55508	56197	1340	83
	1999	29	108095	53694	54401	1340	81
Zusammen	**1995**	**129**	**566219**	**273829**	**292390**	**3148**	**180**
	1999	**99**	**539814**	**262936**	**276878**	**3148**	**172**
Polnischer Teil							
Jelenia-Gora, Stadt	1995	1	93460	44031	49429	88	1062
	1999	1	93407	43923	49484	109	857
Boleslawiecki	1995	6	89407	43833	45574	1303	69
	1999	6	89760	43999	45761	1303	69
Jeleniogorski	1995	9	67683	32563	35120	649	104
	1999	9	67016	32135	34881	628	107
Kamiennogorski	1995	4	49586	24244	25342	396	125
	1999	4	49010	23896	25114	396	124
Lubanski	1995	7	60394	29099	31295	428	141
	1999	7	60093	28963	31130	428	140
Lwowecki	1995	5	51874	25303	26571	710	73
	1999	5	51442	25071	26371	710	72
Zgorzelecki	1995	7	101267	49639	51628	838	121
	1999	7	100508	49076	51432	838	120
Zlotoryjski	1995	6	48017	23492	24525	575	84
	1999	6	47639	23265	24374	575	83
Zarski	1995	10	102220	49545	52675	1394	73
	1999	10	102355	49651	52704	1394	73
Gemeinden aus Kreisen außerhalb der Euroregion	1995	8	76143	37329	38814	545	140
	1999	8	75537	36887	38650	545	139
Zusammen	**1995**	**63**	**740051**	**359078**	**380973**	**6926**	**107**
	1999	**63**	**736767**	**356866**	**379901**	**6926**	**106**
Tschechischer Teil							
Ceska Lipa	1995	60	104771	51532	53239	1137	92
	1999	60	105807	51914	53891	1137	93
Decin- Region Sluknov	1995	19	54362	26587	27775	382	142
	1999	19	54559	26680	27879	382	143
Jablonec nad Nisou	1995	34	88758	42613	46145	402	221
	1999	34	88291	42476	45815	402	220
Liberec	1995	57	159605	77517	82088	925	173
	1999	57	159445	77482	81963	925	172
Semily	1995	65	75840	36947	38893	699	108
	1999	65	75469	36840	38629	699	108
Zusammen	**1995**	**235**	**483336**	**235196**	**248140**	**3545**	**136**
	1999	**235**	**483571**	**235392**	**248177**	**3545**	**136**
Euroregion							
Insgesamt	**1995**	**427**	**1789606**	**868103**	**921503**	**13619**	**131**
	1999	**397**	**1760152**	**855194**	**904956**	**13619**	**129**

Abb.: 1 **„Einwohner und Fläche am 31. Dezember"**; Quelle: Statistisches Landesamt des Freistaates Sachsen, Statistisches Amt Wroclaw, Tschechisches Statistisches Amt, Bereich Liberec (2001): Die Städte der Euroregion Neisse-Nisa-Nysa. Kamenz-Wroclaw-Liberec, S. 83,84

Kreisfreie Stadt Landkreis Euroregion	Jahr	Lebend-geborene absolut	Lebend-geborene je 1000 Einwohner	Gestorbene absolut	Gestorbene je 1000 Einwohner	Differ-enz absolut	Differenz je 1000 Ein-wohner
Deutscher Teil							
Görlitz, Stadt	1995	369	5,4	910	13,2	-541	-7,9
	1999	404	6,4	777	12,2	-373	-5,9
Hoyerswerda, Stadt	1995	326	5,3	528	8,6	-202	-3,3
	1999	344	6,5	504	9,5	-160	-3,0
Bautzen	1995	844	5,2	1940	11,9	-1096	-6,7
	1999	1143	7,2	1682	10,5	-539	-3,4
Löbau-Zittau	1995	922	5,6	2224	13,5	-1302	-7,9
	1999	1066	6,7	1918	12,1	-852	-5,4
Niederschlesischer Oberlausitzkreis	1995	603	5,4	1116	10,1	-513	-4,6
	1999	717	6,6	995	9,1	-278	-2,5
Zusammen	**1995**	**3064**	**5,4**	**6718**	**11,8**	**-3654**	**-6,4**
	1999	**3674**	**6,8**	**5876**	**10,8**	**-2202**	**-4,0**
Polnischer Teil							
Jelenia-Gora, Stadt	1995	807	8,7	1005	10,8	-198	-2,1
	1999	618	6,6	966	10,4	-348	-3,7
Boleslawiecki	1995	1031	11,4	766	8,5	265	2,9
	1999	876	9,7	853	9,4	23	0,3
Jeleniogorski	1995	689	10,2	751	11,1	-62	-0,9
	1999	547	8,2	671	10,1	-124	-1,9
Kamiennogorski	1995	593	11,8	488	9,7	105	2,1
	1999	476	9,6	503	10,1	-27	-0,5
Lubanski	1995	761	12,5	654	10,7	107	1,8
	1999	605	10,0	673	11,1	-68	-1,1
Lwowecki	1995	589	11,3	547	10,5	42	0,8
	1999	487	9,4	594	11,5	-107	-2,1
Zgorzelecki	1995	1150	11,3	1044	10,3	106	1,0
	1999	925	9,1	986	9,7	-61	-0,6
Zlotoryjski	1995	540	11,2	451	9,3	89	1,8
	1999	466	9,7	463	9,6	3	0,1
Zarski	1995	1260	12,3	1000	9,7	260	2,5
	1999	1132	11,0	1093	10,6	39	0,4
Gemeinden aus Kreisen außerhalb der Euroregion	1995	838	10,9	748	9,8	90	1,2
	1999	729	9,6	832	10,9	-103	-1,4
Zusammen	**1995**	**8258**	**11,1**	**7454**	**10,0**	**804**	**1,1**
	1999	**6861**	**9,3**	**7634**	**10,3**	**-773**	**-1,0**
Tschechischer Teil							
Ceska Lipa	1995	1113	10,6	972	9,3	141	1,3
	1999	1048	9,9	944	8,9	104	1,0
Decin- Region Sluknov	1995	559	10,3	596	11,0	-37	-0,7
	1999	510	9,4	586	10,7	-76	-1,4
Jablonec nad Nisou	1995	835	9,4	980	11,0	-145	-1,6
	1999	778	8,8	999	11,3	-221	-2,5
Liberec	1995	1498	9,4	1681	10,5	-183	-1,1
	1999	1464	9,2	1627	10,2	-163	-1,0
Semily	1995	720	9,5	926	12,2	-206	-2,7
	1999	675	8,9	851	11,3	-176	-2,3
Zusammen	**1995**	**4725**	**9,8**	**5155**	**10,7**	**-430**	**-0,9**
	1999	**4475**	**9,3**	**5007**	**10,4**	**-532**	**-1,1**
Euroregion							
Insgesamt	**1995**	**16047**	**9,0**	**19327**	**10,8**	**-3280**	**-1,8**
	1999	**15010**	**8,5**	**18517**	**10,5**	**-3507**	**-2,0**

Abb.: 2 **„Natürliche Bevölkerungsbewegung"**; Quelle: Statistisches Landesamt des Freistaates Sachsen, Statistisches Amt Wroclaw, Tschechisches Statistisches Amt, Bereich Liberec (2001): Die Städte der Euroregion Neisse-Nisa-Nysa. Kamenz-Wroclaw-Liberec, S. 89,90

17

Kreisfreie Stadt Landkreis Euroregion	Jahr	Alter unter 18	von... 18-25	bis 25-45	unter... 45-60	Jahren 60 und mehr
Deutscher Teil						
Görlitz, Stadt	1995	19,8	7,4	28,8	20,7	23,4
	1999	16,9	8,3	27,3	20,3	27,2
Hoyerswerda, Stadt	1995	21,2	8,4	30,5	22,4	17,6
	1999	17,2	8,9	27,8	21,8	24,3
Bautzen	1995	21,6	8,2	29,9	18,4	22,0
	1999	18,6	9,4	28,5	18,9	24,5
Löbau-Zittau	1995	20,1	7,6	28,2	19,6	24,6
	1999	17,7	8,6	26,9	19,7	27,1
Niederschlesischer Oberlausitzkreis	1995	22,6	8,6	31,5	18,3	19,0
	1999	19,4	9,4	29,6	19,3	22,3
Zusammen	**1995**	**21,1**	**8,0**	**31,5**	**19,4**	**21,9**
	1999	**18,2**	**9,0**	**29,6**	**19,7**	**25,1**
Polnischer Teil						
Jelenia-Gora, Stadt	1995	23,5	-	-	-	17,1
	1999	20,5	11,5	28,3	21,5	18,3
Boleslawiecki	1995	28,5	-	-	-	14,1
	1999	25,5	11,4	29,7	18,3	15,0
Jeleniogorski	1995	26,0	-	-	-	16,5
	1999	22,7	11,6	29,4	19,6	16,7
Kamiennogorski	1995	27,1	-	-	-	16,2
	1999	24,2	11,3	28,9	18,4	17,2
Lubanski	1995	27,8	-	-	-	16,4
	1999	24,9	11,6	28,1	18,9	16,5
Lwowecki	1995	28,1	-	-	-	17,2
	1999	25,6	11,2	28,3	18,1	16,8
Zgorzelecki	1995	27,7	-	-	-	14,5
	1999	24,6	11,7	29,3	18,7	15,7
Zlotoryjski	1995	29,7	-	-	-	15,1
	1999	26,3	12,2	28,8	17,5	15,2
Zarski	1995	29,4	-	-	-	14,6
	1999	26,7	11,8	28,8	17,8	14,9
Gemeinden aus Kreisen außerhalb der Euroregion	1995	28,1	-	-	-	16,1
	1999	25,0	11,6	29,1	17,7	16,6
Zusammen	**1995**	**27,4**	**-**	**-**	**-**	**15,6**
	1999	**24,5**	**11,6**	**28,9**	**18,7**	**16,2**
Tschechischer Teil						
Ceska Lipa	1995	26,1	12,9	28,7	18,5	13,7
	1999	23,2	12,5	29,0	21,2	14,1
Decin- Region Sluknov	1995	24,4	13,4	27,1	19,3	15,9
	1999	22,2	12,2	27,5	22,2	16,0
Jablonec nad Nisou	1995	23,2	12,0	27,3	20,1	17,4
	1999	20,6	11,5	27,6	22,8	17,4
Liberec	1995	22,6	12,5	27,4	20,2	17,3
	1999	20,4	11,4	27,9	23,0	17,4
Semily	1995	23,5	11,8	26,7	18,5	19,5
	1999	21,0	11,5	27,3	20,6	19,5
Zusammen	**1995**	**23,8**	**12,5**	**27,5**	**19,5**	**16,7**
	1999	**21,4**	**11,8**	**27,9**	**22,1**	**16,8**
Euroregion-						
Insgesamt	1995	23,3	-	-	-	17,2

| | 1999 | 21,7 | 10,8 | 28,4 | 20,0 | 19,1 |

Abb.: 3 „**Einwohner am 31.Dezember nach Altersgruppen in Prozent**"; Quelle: Statistisches Landesamt des Freistaates Sachsen, Statistisches Amt Wroclaw, Tschechisches Statistisches Amt, Bereich Liberec (2001): Die Städte der Euroregion Neisse-Nisa-Nysa. Kamenz-Wroclaw-Liberec, S. 87,88

Kreisfreie Stadt Landkreis Euroregion	Jahr	Zuzüge absolut	Zuzüge je 1000 Einwohner	Fortzüge absolut	Fortzüge je 1000 Einwohner	Differenz absolut	Differenz je 1000 Einwohner
Deutscher Teil							
Görlitz, Stadt	1995	1344	19,5	2391	34,8	-1047	-15,2
	1999	1672	26,3	2509	39,5	-837	-13,2
Hoyerswerda, Stadt	1995	1329	21,6	2818	45,9	-1489	-24,2
	1999	1097	20,6	2845	53,5	-1748	-32,9
Bautzen	1995	3892	23,9	3179	19,5	713	4,4
	1999	3233	20,2	4046	25,3	-813	-5,1
Löbau-Zittau	1995	2890	17,6	3147	19,2	-257	-1,6
	1999	2672	16,9	3540	22,4	-868	-5,5
Niederschlesischer Oberlausitzkreis	1995	5431	49,0	3345	30,2	2086	18,8
	1999	2390	21,9	4075	37,4	-1685	-15,4
Zusammen	**1995**	**14886**	**26,2**	**14880**	**26,2**	**6**	**0,0**
	1999	**11064**	**20,3**	**17015**	**31,3**	**-5951**	**-10,9**
Polnischer Teil							
Jelenia-Gora, Stadt	1995	-	-	-	-	-	-
	1999	860	9,2	932	10,0	-72	-0,8
Boleslawiecki	1995	-	-	-	-	-	-
	1999	859	9,5	565	6,2	294	3,2
Jeleniogorski	1995	-	-	-	-	-	-
	1999	922	13,8	708	10,6	214	3,2
Kamiennogorski	1995	-	-	-	-	-	-
	1999	235	4,7	349	7,0	-114	-2,3
Lubanski	1995	-	-	-	-	-	-
	1999	330	5,4	459	7,6	-129	-2,1
Lwowecki	1995	-	-	-	-	-	-
	1999	374	7,2	482	9,3	-108	-2,1
Zgorzelecki	1995	-	-	-	-	-	-
	1999	567	5,6	698	6,9	-131	-1,3
Zlotoryjski	1995	-	-	-	-	-	-
	1999	303	6,3	416	8,6	-113	-2,3
Zarski	1995	-	-	-	-	-	-
	1999	614	6,0	659	6,4	-45	-0,4
Gemeinden aus Kreisen außerhalb der Euroregion	1995	-	-	-	-	-	-
	1999	-	-	-	-	-	-
Zusammen	**1995**	**-**	**-**	**-**	**-**	**-**	**-**
	1999	**5064**	**6,9**	**5268**	**7,2**	**-204**	**-0,3**
Tschechischer Teil							
Ceska Lipa	1995	1299	12,4	1119	10,7	180	1,7
	1999	1304	12,3	1122	10,6	182	1,7
Decin- Region Sluknov	1995	1106	20,3	1073	19,7	33	0,6
	1999	1333	24,4	1204	22,1	129	2,3
Jablonec nad Nisou	1995	862	9,7	759	8,6	103	1,1
	1999	786	8,9	780	8,8	6	0,1
Liberec	1995	1433	9,0	1200	7,5	233	1,5
	1999	1348	8,5	1186	7,4	162	1,0
Semily	1995	874	11,5	762	10,1	112	1,4
	1999	770	10,2	732	9,7	38	0,5
Zusammen	**1995**	**5574**	**11,5**	**4913**	**10,2**	**661**	**1,4**
	1999	**5541**	**11,5**	**5024**	**10,4**	**517**	**1,1**

Euroregion									
Insgesamt	1995	-		-		-		-		-		-		-
	1999	21669		12,3		27307		15,5		5638		3,2

Abb.: 4 „**Bevölkerungsbewegung über die Kreisgrenzen**"; Quelle: Statistisches Landesamt des Freistaates Sachsen, Statistisches Amt Wroclaw, Tschechisches Statistisches Amt, Bereich Liberec (2001): Die Städte der Euroregion Neisse-Nisa-Nysa. Kamenz-Wroclaw-Liberec, S.91,92

Kreisfreie Stadt Landkreis Euroregion	Jahr	Land- und Forstwirtschaft (A,B)	Produzierendes Gewerbe (C,D,E,F,)	Dienstleistungen (G,H,I,J,K,L,M,N,O,P,Q)
Deutscher Teil				
Görlitz, Stadt	1995	-	(35,9)	-
	1999	-	-	-
Hoyerswerda, Stadt	1995	-	53,1	-
	1999	-	-	-
Bautzen	1995	-	37,6	58,3
	1999	-	40,5	55,1
Löbau-Zittau	1995	-	41,2	55,3
	1999	-	36,4	56,8
Niederschlesischer Oberlausitzkreis	1995	-	45,0	(49,9)
	1999	-	39,6	54,3
Zusammen	**1995**	**3,3**	**41,6**	**55,2**
	1999	**4,9**	**36,4**	**58,7**
Polnischer Teil				
Jelenia-Gora, Stadt	1995	0,7	35,1	64,2
	1999	0,4	31,7	67,9
Boleslawiecki	1995	3,8	50,0	46,2
	1999	3,0	49,8	47,2
Jeleniogorski	1995	2,7	48,4	48,9
	1999	2,9	47,2	49,9
Kamiennogorski	1995	1,9	55,0	43,1
	1999	1,5	48,9	49,6
Lubanski	1995	2,5	49,5	48,0
	1999	2,0	42,5	55,5
Lwowecki	1995	3,1	41,2	55,7
	1999	2,6	37,7	59,7
Zgorzelecki	1995	1,8	59,0	39,2
	1999	1,5	57,1	41,4
Zlotoryjski	1995	6,8	45,3	47,9
	1999	5,2	43,1	51,7
Zarski	1995	4,2	44,5	51,3
	1999	2,7	45,2	52,1
Gemeinden aus Kreisen außerhalb der Euroregion	1995	4,8	52,8	42,4
	1999	4,3	45,9	49,8
Zusammen	**1995**	**2,8**	**48,0**	**49,2**
	1999	**2,2**	**45,3**	**52,5**
Tschechischer Teil				
Ceska Lipa	1995	4,2	58,5	37,4
	1999	4,1	56,8	38,9
Jablonec nad Nisou	1995	1,1	62,5	36,7
	1999	1,1	61,2	37,6
Liberec	1995	3,2	48,1	48,7
	1999	2,6	46,1	51,1
Semily	1995	5,7	55,3	38,9
	1999	6,5	55,0	38,7

	1995	3,5	55,0	41,5
Zusammen				
	1999	**3,4**	**53,6**	**43,0**

Abb.: 5 „**Erwerbstätige nach Wirtschaftsbereichen (in Prozent)**"; Quelle: Statistisches Landesamt des Freistaates Sachsen, Statistisches Amt Wroclaw, Tschechisches Statistisches Amt, Bereich Liberec (2001): Die Städte der Euroregion Neisse-Nisa-Nysa. Kamenz-Wroclaw-Liberec, S. 150,151

Kreisfreie Stadt Landkreis Euroregion	Jahr	Insgesamt	Darunter Langzeitarbeitslose	Arbeitslosenquote
Deutscher Teil				
Görlitz, Stadt	1996	5542	1634	18,4
	1999	6779	2850	23,3
Hoyerswerda, Stadt	1996	5979	1668	20,1
	1999	6835	3451	25,4
Bautzen	1996	12290	3133	17,1
	1999	14250	5033	19,3
Löbau-Zittau	1996	12979	3763	18,6
	1999	15124	5365	21,7
Niederschlesischer Oberlausitzkreis	1996	7955	1229	16,4
	1999	10113	2829	20,2
Zusammen	**1996**	**44745**	**11427**	-
	1999	**53101**	**19528**	-
Polnischer Teil				
Jelenia-Gora, Stadt	1998	4007	1423	-
	1999	5310	1729	-
Boleslawiecki	1998	6836	2907	18,5
	1999	8175	3400	21,6
Jeleniogorski	1998	3709	1392	11,4
	1999	4986	1675	15,3
Kamiennogorski	1998	4380	1614	22,1
	1999	5325	1900	27,1
Lubanski	1998	4561	1839	19,0
	1999	5867	2334	23,8
Lwowecki	1998	4704	2076	23,6
	1999	5480	2448	27,4
Zgorzelecki	1998	4782	1766	11,0
	1999	6857	2524	15,6
Zlotoryjski	1998	4972	1961	23,9
	1999	5528	2511	26,6
Zarski	1998	6363	1698	16,5
	1999	8525	2863	21,2
Zusammen	**1998**	**44314**	**16676**	-
	1999	**56053**	**21384**	-
Tschechischer Teil				
Ceska Lipa	1995	1546	326	2,8
	1999	4468	1113	8,2
Decin- Region Sluknov	1995	1725	-	-
	1999	3988	-	-
Jablonec nad Nisou	1995	494	68	1,0
	1999	2648	648	6,0
Liberec	1995	2745	452	3,3
	1999	6763	2227	8,6
Semily	1995	725	116	1,9
	1999	2865	742	7,5

Zusammen	1995	7235	-	-
	1999	20732	-	-

Abb.: 6 **„Arbeitslose und Arbeitslosenquote"**; Quelle: Statistisches Landesamt des Freistaates Sachsen, Statistisches Amt Wroclaw, Tschechisches Statistisches Amt, Bereich Liberec (2001): Die Städte der Euroregion Neisse-Nisa-Nysa. Kamenz-Wroclaw-Liberec, S. 153,154

Kreisfreie Stadt Landkreis Euroregion	Jahr	Insgesamt	Männlich	Weiblich	unter 25 Jahren	25-55 Jahre	55 und mehr Jahre
Deutscher Teil							
Görlitz, Stadt	1996	5542	2133	3409	515	3721	1306
	1999	6779	3196	3583	626	4647	1506
Hoyerswerda, Stadt	1996	5979	2403	3576	629	3689	1661
	1999	6835	3092	3743	593	4022	2220
Bautzen	1996	12290	4680	7610	1366	8634	2290
	1999	14250	6290	7960	1663	9861	2726
Löbau-Zittau	1996	12979	5224	7755	1232	9164	2583
	1999	15124	6808	8316	1419	10529	3176
Niederschlesischer Oberlausitzkreis	1996	7955	3218	4737	881	5563	1511
	1999	10113	4448	5665	1060	6997	2056
Zusammen	**1996**	**44745**	**17658**	**27087**	**4623**	**30771**	**9351**
	1999	**53101**	**23834**	**29267**	**5361**	**36056**	**11684**
Polnischer Teil							
Jelenia-Gora, Stadt	1998	4007	1586	2421	966	2957	84
	1999	5310	2362	2948	1247	3962	101
Boleslawiecki	1998	6836	2948	3888	2057	4678	101
	1999	8175	3709	4466	2339	5699	137
Jeleniogorski	1998	3709	1622	2087	958	2671	80
	1999	4986	2328	2658	1229	3672	85
Kamiennogorski	1998	4380	2201	2179	1162	3150	68
	1999	5325	2775	2550	1426	3818	81
Lubanski	1998	4561	1768	2793	1319	3171	71
	1999	5867	2540	3327	1699	4088	80
Lwowecki	1998	4704	2270	2434	1211	3408	85
	1999	5480	2721	2759	1370	4016	94
Zgorzelecki	1998	4782	1802	2980	1484	3199	99
	1999	6857	2963	3894	2303	4437	117
Zlotoryjski	1998	4972	2193	2779	1444	3472	56
	1999	5528	2453	3075	1534	3928	66
Zarski	1998	6363	2643	3720	1896	4429	38
	1999	8525	3819	4706	2518	5944	63
Zusammen	**1998**	**44314**	**19033**	**25281**	**12497**	**31135**	**682**
	1999	**56053**	**25670**	**30383**	**15665**	**39564**	**824**
Tschechischer Teil							
Ceska Lipa	1995	1546	836	710	476	1029	41
	1999	4468	2439	2029	1285	2994	189
Decin- Region Sluknov	1995	1725	836	889	468	-	-
	1999	3988	2207	1781	1185	-	-
Jablonec nad Nisou	1995	494	282	212	168	309	17
	1999	2648	1281	1367	950	1613	85
Liberec	1995	2745	1587	1158	679	1951	115
	1999	6763	3477	3286	1848	4673	242
Semily	1995	725	395	330	221	474	30
	1999	2865	1477	1388	954	1823	88
Zusammen	**1995**	**7235**	**3936**	**3299**	**2012**	**3763**	**203**
	1999	**20732**	**10881**	**9851**	**6222**	**11103**	**604**

Abb.: 7 **„Arbeitslose am 31.Dezember nach Geschlecht und Alter"**; Quelle: Statistisches Landesamt des Freistaates Sachsen, Statistisches Amt Wroclaw, Tschechisches Statistisches Amt, Bereich Liberec (2001): Die Städte der Euroregion Neisse-Nisa-Nysa. Kamenz-Wroclaw-Liberec, S. 155,156

Literaturverzeichnis

1) Statistisches Landesamt des Freistaates Sachsen, Statistisches Amt Wroclaw, Tschechisches Statistisches Amt, Bereich Liberec (2001): Die Kreise in der Euroregion Neisse-Nisa-Nysa

2) Statistisches Landesamt des Freistaates Sachsen, Statistisches Amt Wroclaw, Tschechisches Statistisches Amt, Bereich Liberec (1999): Die Städte der Euroregion Neisse-Nisa-Nysa. Kamenz-Wroclaw-Liberec

3) Knippschild, Robert (2001): Die EU-Strukturpolitik an Oder und Neiße

4) www.develey.de

5) http://euroregion.vslib.cz/cz_uvod.html

6) http://www.neisse-nisa-nysa.org

7) www.pontes-pontes.de

8) http://www.trebendorf.de/der_ort/lage/euroregion_neisse/

9) http://www.statistik.sachsen.de/

10) http://www.ioer.de/PLAIN/er_neis1.htm

11) www.ihi-zittau.de/science/projekt.html

12) www.meine-stadt.de

BEI GRIN MACHT SICH IHR WISSEN BEZAHLT

- Wir veröffentlichen Ihre Hausarbeit,
  Bachelor- und Masterarbeit

- Ihr eigenes eBook und Buch -
  weltweit in allen wichtigen Shops

- Verdienen Sie an jedem Verkauf

Jetzt bei www.GRIN.com hochladen
und kostenlos publizieren